AF356799

MÉMOIRE

DE M. CAHOUR,

AUTEUR D'UN

PROJET DE RACCORDEMENT

DES CANAUX DE BRETAGNE,

ET

DE BASSIN A FLOT,

AU PORT DE REDON,

CONTRE

MM. ROBINOT ET COIQUAUD,

Ingénieurs de la Navigation d'Ille-et-Villaine.

NANTES, IMPRIMERIE MERSON, RUE NOTRE-DAME, N. 20.

—

Février 1837.

Saint-Nicolas-de-Redon , le 16 février 1857.

Cahour, à Monsieur le Ministre des Travaux publics.

Monsieur le Ministre ,

Obligé d'avoir recours à vous contre d'injustes prétentions qui préparent ma ruine et celle de toute ma famille, il eût sans doute été convenable que je me fusse présenté moi-même devant vous, pour expliquer ma cause ; mais cent lieues me séparent de vous, et neuf enfants, presque tous en bas âge, privés depuis peu de leur mère, me retiennent où les devoirs paternels m'appellent. Toutefois , me confiant pleinement dans la sagacité et l'équité qui vous distinguent , j'ai cru qu'il suffirait pour obtenir justice, de vous exposer ce dont il s'agit dans un court mémoire. Daignez, je vous en supplie, en prendre connaissance; il s'agit de tout pour moi, et, pour vous, Monsieur le Ministre, de rendre justice et bonheur à une famille qui les mérite à tous égards. Voici les faits.

Depuis longtemps le Gouvernement sentait le besoin d'établir un centre de communications commerciales et industrielles au port de Redon, Ille-et-Villaine; pour cela il cherchait le moyen d'y opérer un Raccordement des canaux de Bretagne, et un Bassin à flot, capable d'y recevoir toute espèce de navires : mais de tous les projets présentés à ce sujet, par MM. les Ingénieurs d'Ille-et-Villaine, aucun n'atteignant ce but, ils avaient été rejetés, ou indéfiniment ajournés. Durant ce temps, intéressé moi-même par ma situation sociale et industrielle, au développement de ces projets, et favorisé par une parfaite connaissance des lieux, je conçus un nouveau projet qui réunissait au plus haut degré tous les avantages désirables ; mais je vous l'avouerai avec ingénuité et franchise, ce projet allant à détruire une usine que je possède sur la Villaine, et qui est mon unique ressource et celle de mes enfants, et pour le cours d'eau de laquelle je ne pouvais réclamer d'indemnité, j'hésitais à mettre mes idées au jour, et pendant trois ans je les tins secrètes.

Mais il m'en coûtait d'en agir ainsi; car si d'un côté mon projet me ruinait, de l'autre, il accommodait mon pays, et apportait dans son sein un développement immense de commerce, d'industrie, et d'agriculture (voir pièces, n.° 1, p. I, et n.° 2, p. IV, l. 36). Considérant donc ce motif, et rassuré, d'ailleurs, par les encouragements que le Gouvernement accorde aux hommes qui se rendent utiles à leur pays, je crus que si je lui offrais aussi moi mon invention, il serait assez juste pour me dédommager, surtout en lui exposant ma position. Je le fis par une lettre que j'eus l'honneur de vous adresser, en date du 19 octobre 1836 (1), et dans laquelle j'exposais l'idée générale de mes plans, et j'énumérais ses immenses avantages. Je ne fus point trompé dans mon attente : le 10 novembre, je reçus, par l'entremise de M. le Préfet d'Ille-et-Villaine, l'acceptation officielle de mes offres, et l'invitation de présenter mes plans détaillés. Je ne pris que le temps de les faire imprimer, et le 19 novembre, je les déposai entre les mains de M. le Sous-Préfet de Redon, qui m'en donna récépissé (pièce n.° 3).

Mais quel fut mon étonnement, M. le Ministre, lorsque le jour même où je déposais ces plans détaillés, on vint me dire que MM. les Ingénieurs de la navigation d'Ille-et-Villaine, auxquels ma première lettre du 19 octobre avait été communiquée par la Direction générale, avec l'ordre de rendre compte de mon projet (pièce n.° 7), au lieu de reconnaître avec une franchise qui leur eût fait honneur, que le hasard peut adresser à un particulier une idée qu'il refuse aux génies les plus distingués, avaient songé à me ravir avec la propriété de cette invention, les dédommagements que j'avais droit d'attendre pour la ruine de mon usine actuelle; que, pour cela, s'emparant des notions que leur fournissait sur mon projet ma lettre du 19 octobre, ils s'en étaient appropriés l'idée, l'avaient déposée en toute hâte à la Préfecture en leur nom; et, pour appuyer cette démarche aux yeux du public, ils avaient fait une petite apparition sur les lieux, et levé quelques plans basés sur les mêmes indices.

Je n'avance rien, M. le Ministre, qui ne soit attesté par les faits les plus authentiques : mais avant de les exposer, j'ai besoin de vous témoigner, comme je l'ai déjà fait à M. l'Ingénieur en chef lui-même, par une lettre pleine de prévenances (pièce n.° 5), combien il m'est pénible d'être en opposition si formelle avec des hommes dont j'estime sincèrement le mérite. J'aurais souhaité qu'en se désistant de ces prétentions, on ne m'eût point obligé de leur donner une publicité fâcheuse ; mais de leur côté, ces Messieurs y persistent; du mien, j'ai à défendre, outre l'honneur d'avoir voulu être utile à mon pays, la fortune et le pain même de mes enfants ; et j'ai à les défendre avec des armes tout éclatantes de justice. On le sent assez, je ne puis me désister d'un droit aussi vital et aussi équitable. Du reste, M. le Ministre, vous reconnaîtrez facilement que dans toute la suite de mes procédés, je me suis imposé les lois de la plus sévère modération.

J'ai dit, d'abord, que j'étais fondé à croire que MM. les Ingénieurs de la navi-

---

(1) Dans mon Mémoire détaillé du 19 novembre, la date de la lettre précédente était indiquée au 29 octobre ; on doit lire le 19 octobre. C'est une erreur d'impression qu'il serait facile de rectifier, et par la date de la pièce originale, et par le timbre de la poste, et par la date de son enregistrement au Ministère des Travaux publics.

gation d'Ille-et-Villaine avaient l'intention de me ravir la propriété de mon projet. Cette croyance est fondée sur les démarches qu'ils ont faites dans ce but. Qu'il suffise de citer ici la lettre (pièce n.° 4) par laquelle M. l'Ingénieur en chef, répondant à l'envoi d'un exemplaire de mes plans, dont je lui avais fait hommage, cherche à me donner le change sur ses véritables intentions; et la lettre (pièce n.° 6) par laquelle il les laisse clairement apercevoir à M. le Sous-Préfet de Redon. Le projet qu'il annonce comme lui appartenant, est un projet de Raccordement des canaux de Bretagne, et de Bassin à flot, DANS le port de Redon, comme le mien (voir ma lettre du 19 octobre, pièce n.° 1, p. I, aux 2.° et 3.°; et mon mémoire détaillé du 19 novembre, pièce n.° 2, p. III, l. 3, et p. IV, au 2.° et 3.°). De plus, selon eux, ce Raccordement, etc., doit s'effectuer au moyen *d'une Écluse marine, au-dessous du port de Redon, sur le terrain solide, entre le village de la Motte et le port de Redon* (pièce n.° 6). Or, cet emplacement est le même que j'indiquais, (pièce n.° 1, p. III, l. 17, et pièce n.° 2, p. II, au 1°). Il n'existe pas d'autre terrain solide, au-dessous du port de Redon, que ce vignoble; plus bas, s'étendent d'immenses marais sans consistance et sans fond. A ces traits principaux de ressemblance, je pourrais en ajouter de particuliers qui la feraient ressortir encore davantage; mais comme ils ne sont qu'accessoires, je me borne à ceux que j'ai cités.

Cependant, comme il est possible que ces Messieurs glissent quelques différences dans ces accessoires, afin de donner à ce projet un peu plus l'air de leur propriété, je vous supplie d'observer, M. le Ministre, que c'est, dans ces idées *d'un Raccordement des canaux de Bretagne et de Bassin à flot DANS le port de Redon, et surtout dans la détermination d'un terrain solide, au-dessous de ce port, sur lequel on puisse asseoir une Écluse qui produise ces grands résultats, que consiste mon invention.* M. l'Ingénieur en chef en convient lui-même quand il dit que son prétendu projet *a pour objet principal d'établir une Écluse marine sur le terrain solide* existant, etc. (pièce n° 6). Quant aux travaux accessoires à faire pour effectuer ce dessein, je me contenterai de répéter ce que j'eus l'honneur de vous dire, dans mon Mémoire du 19 novembre (pièce n.° II, p. VII.): « Je vous supplie d'observer que, quoique les travaux nécessaires à l'exé-
» cution de mes plans, tels que je les indique, me paraissent les plus convenables,
» je n'ai jamais osé prétendre qu'ils dussent être arrêtés exactement aux lieux
» et dans les proportions que j'ai décrites. Je ne les décris qu'approximative-
» ment, et pour vous donner l'idée générale de mes plans. Or, c'est cette idée
» générale qui constitue mon projet. » On conçoit, en effet, qu'un simple particulier, tel que je suis, seul et dépourvu des secours de l'art, ne pouvait déterminer des plans exacts comme l'auraient fait les hommes du génie, aidés des procédés scientifiques et de nombreux collaborateurs (1). Cette observation faite, et le

---

(1) Ceci n'infirme en rien ce que je disais alors, que quoique je n'eusse point l'intention de fixer d'une manière exacte, les lieux et les proportions des travaux à faire pour l'exécution de mon projet, je croyais cependant ceux que j'indiquais les plus convenables. Je maintiens cette proposition dans toute son étendue.

projet présenté par MM. Robinot et Coiquaud, à la Préfecture de Rennes, étant parfaitement semblable à celui que j'avais présenté moi-même au Ministère des Travaux publics, j'ai raison de croire qu'on veut m'en ravir l'invention, et je suis autorisé, pour prévenir ce malheur, à établir devant vous, M. le Ministre, que cette propriété est incontestablement la mienne.

En effet, que faut-il pour cela ? Une seule chose : que j'en aie déposé la première idée entre les mains du Gouvernement avant ceux qui me la disputent. Or, le fait est irrécusable. Car ce fut le 19 octobre 1836 que je transmis la première idée de ce projet au Gouvernement, par une lettre (pièce n.° I) dans laquelle, outre les notions générales que j'en donnais, je détaillais ses nombreux avantages. Or, le 31 du même mois, ces Messieurs eurent communication de cette lettre par la Direction générale (pièce n.° 7), et ce ne fut que le 7 du mois suivant qu'ils proposèrent la même idée à la Préfecture de Rennes, c'est-à-dire, 19 jours après moi. Les dates sont authentiques; donc les faits sont certains; donc je suis évidemment l'inventeur de ce projet; donc j'en suis le véritable propriétaire.

Ce raisonnement est invincible; et lors même, que par une supposition absurde, on viendrait à admettre que, par le fait, je ne connus ce projet qu'après ces Messieurs, des dates authentiques démontrant que je l'aurais livré au Gouvernement avant eux, je pourrais dénier leur droit; mais s'il en était ainsi, je me hâte de le dire, si mon droit n'était fondé que sur la priorité d'une date malicieusement usurpée, et que la pensée de m'en servir pour en déposséder le véritable propriétaire se présentât à moi, je la rejetterais loin de moi, comme une pensée indigne de s'arrêter dans l'esprit d'un homme d'honneur. Aussi, n'en est-il pas ainsi ; et quoique, pour l'établissement rigoureux de mes droits, je puisse me borner aux faits précédents, je veux aller plus loin, et démontrer combien il est évident que MM. les Ingénieurs n'ont connu ce projet qu'après en avoir puisé l'idée dans mes pièces. Je suis, d'ailleurs, engagé à éclaircir ce point par les faux-fuyant étranges que l'on a tentés pour éluder la force des preuves précédentes.

Et d'abord, on a dit que ma lettre du 19 octobre, qui avait été communiquée à ces Messieurs par la Direction générale, n'avait pas pu leur donner la première idée de mon projet, parce qu'elle ne l'exprimait pas clairement; et que ce ne fût que par mon Mémoire du 19 novembre, que je leur en donnai connaissance.

Il est vrai, M. le Ministre, qu'il existe une différence entre ces deux pièces; la raison en est toute simple; c'est que l'une ne contient que les premières notions d'un projet, que l'autre développe en détail. En écrivant la première, ne sachant, ni si le Gouvernement y aurait égard, ni s'il me garantirait les dommages que je me créais à moi-même, en provoquant la ruine de mon Usine, il n'était pas naturel que je proclamasse mes idées dans un mémoire complet et détaillé, au risque de me rendre ridicule, et dupe en même temps. En écrivant la second, je n'avais plus ces inconvénients à craindre; ma conduite était sage. Mais de ce que ma lettre du 19 octobre n'explique pas aussi complétement mon projet que mon mémoire du 19 novembre, s'en suit-il qu'elle n'en renferme pas les premières notions? s'en suit-il surtout que MM. les Ingénieurs d'Ille-et-Villaine n'aient pu l'y découvrir? non certes, et l'événement ne l'a que trop malheureusement démontré.

Mais, par le fait, cette lettre est d'un bout à l'autre, un tissu d'indices de mon projet, indices qui sautent aux yeux de quiconque veut prendre la peine de la lire attentivement. Remarquez-en seulement, je vous prie, quelques traits : eu tête de cette pièce (n.º 1), il est écrit, et je le répète (p. ɪ, au 2.º et 3.º, p. ɪɪ, au 5.º) *que le projet que je présente, est un projet de Raccordement des canaux de Bretagne et de Bassin à flot dans le port de Redon.* Il n'était pas possible, ce me semble, d'énoncer plus clairement, et l'objet de mon invention, et le lieu où elle devait être effectuée. J'annonce non moins clairement le moyen de l'effectuer : c'est *une Ecluse marine* (p. ɪ, au 1.º), et l'emplacement de cette Ecluse, *qui se fera avec ses vannes et déversoir,* où ?.. *au-dessous du port de Redon.* Car le Bassin à flot étant dans le port même, il fallait bien que l'Ecluse qui devait y soutenir les eaux, fût *au-dessous* et non *au-dessus* de ce port; où encore ?..*sur un naturel des plus solides, capable de résister à l'action des eaux, et sans autres épuisements à faire que ceux que fourniront les pluies ou les filtrations des rochers* (pièce n.º I, p. ɪɪ, l. 17). Or, ainsi que j'ai déjà eu l'honneur de vous le faire observer, M. le Ministre, il n'existe qu'un petit espace de terrain solide au-dessous du port, entre le village de la Motte et ce port, lequel est planté de vigne. Plus bas, s'étendent des marais sans consistance, formés par les vases que la Villaine y a déposées, très-souvent couverts par les marées, et dans lesquels la sonde de MM. les Ingénieurs a vainement cherché pendant plusieurs années, un point solide. Or, par ces simples remarques, ou par d'autres semblables, par l'exposé des avantages de mon projet que j'y énumère, et par tout l'ensemble de cette lettre, il était évidemment impossible de se méprendre, et sur le but de mon invention, et sur le travail à faire pour l'obtenir, et sur le lieu où il devait se faire, c'est-à-dire, sur tout mon projet. Il n'était pas besoin d'avoir une grande connaissance des lieux pour cela. Une foule de personnes, qui n'en avaient que de très-superficielles, ont compris mes idées sur une simple lecture de cette lettre. Quiconque voudra seulement jeter un coup d'œil sur le petit plan joint à la pièce n.º II, les reconnaîtra avec la même facilité. La ville de Redon est bâtie au pied d'une montagne, sur un plateau solide, qui se prolonge jusque dans la vigne X C D, et, là, disparaît dans les marais de S.-Jean, d'Aucfer et de S.-Nicolas, qui s'étendent, l'espace de plusieurs lieues, au-dessous de Redon, et au milieu desquels circulent les rivières d'Oust et de Villaine. La prairie E F L, située immédiatement au-dessous de la vigne X C D, n'offre pas de solide à plus de 20 mètres de profondeur; d'où il est manifeste que *ce terrain solide,* situé *au-dessous du port de Redon, capable de résister à l'action des eaux,* et sur lequel on pouvait *établir une Ecluse marine avec ses vannes et déversoir, sans autres épuisements à faire que ceux que fourniraient les pluies ou les filtrations des rochers,* dans le but d'obtenir *un Bassin à flot et un Raccordement des canaux de Bretagne dans le port de Redon* (pièce n.º I), n'était pas si bien caché dans ma lettre, qu'avec un peu de bonne volonté on ne pût l'y trouver; et comme MM. les Ingénieurs n'en manquaient pas; qu'à cela ils joignaient une pénétration d'esprit reconnue; que, de plus, encore, ils connaissaient parfaitement les lieux, qu'ils avaient étudiés mainte et mainte fois pour des projets différents; à qui pourrait-on faire croire qu'ils n'aient pu trouver ces idées dans une lettre qui les exprime si clairement? Ce serait leur faire injure que de le prétendre.

Au lieu donc de demander plus de clarté dans cette lettre du 19 octobre, ne devrait-on pas plutôt me demander, comme l'ont fait quelques personnes sensées, pourquoi je m'y expliquais si ouvertement sur l'objet de mon invention? Ne pouvais-je donc pas proposer vaguement au Gouvernement, une invention qui allait à lui faire économiser plus d'un million, à lui procurer un port de guerre et de commerce très-commode, dans un point important de la France; à procurer à une province un développement considérable de commerce, d'industrie et d'agriculture? Il n'en eût pas moins accepté mes offres : elles n'auraient point été communiquées à MM. les Ingénieurs d'Ille-et-Villaine, et j'aurais reçu sans entraves les dédommagements qu'on essaie maintenant de me ravir. Cette réflexion est juste, et je dois avouer que j'ai eu tort de ne pas en agir ainsi, si toutefois c'est un tort que d'avoir agi avec trop de confiance avec les illustres personnages qui occupent les premières charges de l'Etat, et auxquels je m'adressais : car tels ont été les motifs de ma conduite. Je sentais les immenses avantages de mon projet pour mon pays; je sentais en même temps que pour le faire accueillir plus sûrement et plus promptement, il fallait en donner des notions plus précises et capables d'attirer l'attention du Gouvernement. Et me rassurant sur l'équité de ses officiers supérieurs auxquels je faisais mon offre, je crus qu'ils ne se serviraient pas des notions que je leur donnais sur mon invention, pour me déposséder et me ruiner. Je n'eus garde d'être trompé dans mon attente, et la promptitude avec laquelle l'acceptation de mes offres fut transmise de Paris à Rennes, me prouva que je n'avais point trop présumé de leur loyauté. Mais l'ordre naturel des choses voulut qu'au lieu de traiter directement avec moi, ainsi que j'en avais fait la prière (pièce N.° I, p. iii, l. 3), on renvoyât mes pièces à Rennes, entre les mains d'officiers inférieurs qui, pour des motifs particuliers, jugèrent à propos de déroger à la marche loyale et équitable de leurs supérieurs; et voilà la source du malheur qui me menace, mais du malheur qui ne tombera pas sur moi. Votre loyauté, Monsieur le Ministre, et celle de MM. vos illustres Collaborateurs, ne participera point à une conduite que vous avez déjà désapprouvée par vos premières démarches, d'autant plus que mes droits sont clairs. Il est évident que je suis l'inventeur du projet en question; les dates authentiques le démontrent. Il est évident que dire que MM. les Ingénieurs n'ont pu découvrir l'idée de ce projet dans ma lettre du 19 octobre, est une mauvaise défaite. Ainsi l'a-t-on bien senti, et s'est-on retranché à dire :

Qu'à la vérité l'idée de mon projet était bien exposée dans ma lettre du 19 octobre ; que je l'avais bien trouvée de moi-même; mais que MM. les Ingénieurs la connaissaient aussi et bien longtemps avant moi. J'aime à croire que ce bruit, qu'on a répandu, et en public, et en secret, ne vient point de ces Messieurs eux-mêmes. Je préfère l'attribuer à des amis trop officieux, qui n'avaient pas calculé les conséquences de cette mauvaise raison. Car s'il était vrai que ces Messieurs connurent ce projet avant moi, ne l'ayant pas présenté avant que ma lettre du 19 octobre fut venue leur apprendre que j'avais rempli cette tâche à leur place, il serait donc prouvé que des officiers distingués, d'un corps aussi honorable que celui des ponts et chaussées, auraient connu le bien et ne l'auraient pas fait; il serait prouvé qu'ils auraient joué leurs officiers supérieurs, en leur cachant le véritable état des lieux et des choses; il serait prouvé qu'ils auraient dissipé les fonds publics, en suggérant des projets impraticables, inutiles, qu'il fallait ensuite résilier, avec de fortes indemnités, aux entrepreneurs, après adjudication faite, (1) et en en présentant d'autres dont le chiffre des dépenses était énorme en comparaison de celui qu'ils tenaient caché. Il serait prouvé que tous ces projets, élaborés en apparence pour le bien de la Bretagne, n'étaient rien moins dirigés qu'à l'anéantissement de son commerce, de son industrie, de ses agréments, puisqu'ils tendaient à la priver d'un centre commercial et maritime de la plus haute importance, et à entraver la navigation de ses canaux, très-périlleuse et très-difficultueuse au point de Redon. Il serait enfin prouvé que cette ville de Redon, si intéressante par sa situation topographique maritime et commerciale, au lieu de trouver dans ces Messieurs des amis empressés à développer ses incalculables ressources, n'aurait rencontré en eux que des ennemis opiniâtrés à les anéantir. Monsieur le Ministre, de telles conséquences sont trop répugnantes pour qu'elles soient vraies; laissons donc s'égarer de trop imprudents amis, et concluons, ce qui, du reste, est la seule vérité, que MM. les Ingénieurs d'Ille-et-Villaine n'eurent point connaissance du projet en question, avant que mes pièces le leur eussent révélé.

Cette vérité est d'ailleurs parfaitement confirmée par toute la suite de leurs démarches, soit avant, soit après l'époque du 19 octobre au 31 novembre, durant laquelle ils ont pu avoir, et ont eu en effet communication de mon projet. Car avant cette époque, aucune démarche, aucun fait qui puisse faire soupçonner qu'ils en eussent quelque idée; après cette époque, au contraire, et démarches, et faits s'accumulent avec une précipitation, une incohérence, une inopportunité, qui décèlent aussi bien que les plus clairs aveux, toute la surprise que leur causa l'apparition de mon projet, et l'impatience qu'ils eurent de s'en emparer.

En effet, avant le 19 octobre, jour où je communiquai la première idée de mes plans au Gouvernement; avant même le 31, jour où elle fut transmise à MM. les Ingénieurs de Rennes, par la Direction générale, on voit ces Messieurs et même leurs prédécesseurs, occupés à élaborer des projets de canalisation tous différents du mien, et dans lesquels n'entre aucune possibilité d'effectuer un Raccordement des

---

(1) Projet de canal à la Motte, résilié à M. Piédevache.

canaux de Bretagne, et un Bassin à flot DANS le port de Redon. Un jour on projette une Ecluse au-dessus de ce port, pour en favoriser la sortie aux bateaux qui se dirigent vers Rennes (projet de M. Chysy, en 1784.). Un autre jour, on conçoit l'idée de laisser la navigation sans autre amélioration que celle d'un petit canal qui joindra la Villaine à l'Oust, et abrégera de quelques centaines de toises le trajet des bateaux allant de Nantes à Brest ; idée que l'on abandonna bientôt, moyennant une forte indemnité accordée à l'entrepreneur qui en avait reçu l'adjudication. Or, dans ces deux projets, il n'entre pas même l'idée d'un Raccordement et d'un Bassin à flot dans le port de Redon.

Plus tard, on revient au dessein d'une Ecluse *au-dessus* du port de Redon, en amont de laquelle, moyennant des travaux immenses qui ruineront les places et le champ de foire de cette ville, on parviendra à raccorder les canaux sur un point *étroit* de la Villaine, et *au-dessus* du port (projet de M. Robinot, en 1834.). Or ici encore, point de Bassin à flot, point de Raccordement des canaux DANS ce port. Un seul, celui, je crois, de M. Champenois, ingénieur du Morbihan, offre quelques traces d'un semblable projet. Il le présenta, en 18...: mais pour une foule de raisons qui le rendaient impraticable, il fut entièrement rejeté par l'Administration. Il me suffira de dire ici que son travail principal consistait à construire une Ecluse et de vastes chaussées, une lieue au-dessous de Redon, dans les marais immenses de Rieux, où l'on n'aurait eu pour asseoir les travaux, qu'un fond de vases. Or, il est évident encore que ce projet ne ressemble nullement au mien, qui résout le problème d'un Raccordement et d'un Bassin à flot, par le moyen d'une simple Ecluse sur un terrain solide, **200** mètres seulement au-dessous du port de Redon. D'où je suis en droit de conclure que MM. les Ingénieurs étaient bien loin de songer à ce dernier projet avant que je fusse venu le leur révéler par ma lettre du 19 octobre.

Ceci deviendra encore plus clair quand on saura que la veille même de ce jour, c'est-à-dire le 18 octobre, ceux mêmes qui me disputent aujourd'hui ce projet, étaient à Redon avec M. le Préfet d'Ille-et-Villaine, en tournée de révision, et employaient toute leur éloquence et leur crédit pour faire goûter à ce respectable magistrat et aux habitants de Redon, leur projet de couper la ville par le canal de Nantes à Brest ; projet qui, comme je l'ai déjà fait remarquer, n'offrait pas l'ombre d'un Raccordement et d'un Bassin à flot DANS le port de Redon ; projet qui, au contraire, laissant ce port sans défense contre les vases de la Villaine, devait avoir pour résultat de le changer en prairie. Or, je le demande : lesquels, d'eux ou de moi, avaient alors l'idée du projet en question ? d'eux, qui, le 18 octobre, en soutenaient, avec enthousiasme, un tout différent ? ou de moi, qui, le 19, après avoir mûri celui-là même pendant **3** ans, en adressais enfin communication au Ministère des Travaux publics ? La réponse n'est pas difficile.

Nonobstant cela, se rabattra-t-on, comme on l'a déjà fait, à dire que l'on connaissait aussi bien que moi le solide sur lequel j'ai fixé mon Ecluse? Je pourrais en douter pour de graves raisons ; mais je veux bien le supposer. Que s'en suivrait-il ? Que ces messieurs connaissaient un lieu où était caché un grand trésor; mais qu'ils ne connaissaient pas le trésor lui-même. Il était, en effet, fort inutile qu'ils eussent connaissance de ce solide, s'ils ignoraient que l'on pouvait, et comment on pouvait en y posant une Écluse, obtenir tous les grands résultats du Raccordement et du Bassin à flot. Or, c'était cette ignorance qu'il fallait dissiper, et celle pourtant où demeurèrent MM. les Ingénieurs jusqu'au moment où ma lettre vint les en retirer.

Depuis le 31 octobre, jour où cette pièce leur fut remise, jusqu'au 7 novembre, même absence de faits. Je me trompe : par une lettre du 23 novembre (pièce n.° IV), M. l'Ingénieur en chef m'annonce avec confiance, deux lettres, l'une du 3, l'autre du 6 novembre, dans lesquelles il s'entretient, dit-il, avec M. l'Ingénieur ordinaire, des travaux définitifs à faire au port de Redon; c'est-à-dire, du moins je le présume, des idées de mon projet qu'ils avaient sous les yeux depuis le 31 octobre. On espérait ainsi me donner le change. Mais ces lettres, en supposant même la certitude de leur existence et de leurs dates, n'ont aucune force contre mon droit. Car enfin, le 3 et le 6 novembre sont postérieurs au 19 octobre, jour où je fis part de mon projet au Gouvernement, et même au 31 du même mois, jour où ces Messieurs en eurent connaissance officielle à Rennes. Tout ce que ces deux lettres pourraient constater, si elles étaient authentiques, c'est qu'après le 31 octobre seulement, ils eurent connaissance de mon projet; or, c'est précisément ce que je soutiens. Toutefois, comme ces lettres n'ont rien d'officiel, et que rien ne me garantit l'exactitude de leurs dates, je puis bien aussi les rejeter et établir que ce n'est que du 7 novembre que date la première pièce authentique où ils produisent en leur nom l'idée de mon projet, en le déposant à la Préfecture de Rennes. Donc, encore une fois, ils n'avaient pas cette idée avant le 31 octobre, et il a fallu que ma lettre du 19 allât la leur suggérer avec la pensée de se l'approprier.

Bien plus, leurs démarches postérieures à cette époque, faites évidemment dans le dessein de me ravir mon invention, loin de me nuire, retournent contre eux, et jettent un dernier jour sur l'évidence de mes droits.

La première de ces démarches est le retard qu'ont mis MM. les Ingénieurs à me transmettre l'acceptation que vous vouliez bien faire de mes offres, et l'invitation de vous présenter mes plans détaillés. Quoi, Monsieur le Ministre, ma lettre du 19 octobre, part de Redon, passe au Ministère des Travaux publics, et de là à la Direction générale des ponts et chaussées, puis arrive à Rennes, dans les bureaux de MM. les Ingénieurs, et tout cela dans l'espace de douze jours; et il leur en a fallu autant pour me faire parvenir de Rennes à Redon, l'acceptation de mon offre, qu'ils devaient m'intimer promptement, et qu'ils firent en sorte de ne me communiquer que le 10 novembre! D'où vient cela? d'oubli, peut-être? Mais à qui persuaderat-on qu'ils aient oublié dans leurs cartons, une pièce qui paraît d'ailleurs les avoir si vivement intéressés? Avouons-le; ils avaient besoin de ce temps pour étudier ma lettre du 19 octobre, pour recueillir les documents qu'elle renfermait sur mon projet, et fabriquer avec cela quelques pièces sur lesquelles ils pussent asseoir, tant bien que mal, les prétentions qu'ils voulaient

émettre. Voilà la véritable raison qui a retenu mes pièces captives dans leurs bureaux, depuis le 31 octobre, que M. le Préfet les leur communiqua, jusqu'au 10 novembre, jour qu'ils déterminèrent que je pourrais en avoir connaissance. Ils sentaient bien que vingt-quatre heures après avoir reçu l'invitation du Gouvernement, je pouvais présenter mes plans, et ils voulaient avoir plus de vingt-quatre heures pour improviser les leurs. Quoiqu'il en soit, ce retard ayant favorisé la préméditation de ma ruine, j'ai droit de leur en demander compte.

La seconde démarche qu'ils firent pour étayer leurs prétentions, fut de déposer en leur nom, à la Préfecture de Rennes, l'idée du projet qu'ils venaient de puiser dans ma lettre du 19 octobre. Ils le firent par une lettre du 7 novembre, accompagnée d'un ordre de service de M. l'Ingénieur en chef, du 6, basé sur le même plan. Je n'ai pu obtenir communication de ces pièces; peut-être craignait-on que je n'y trouvasse de nouvelles preuves de la fraude. Vous pouvez, Monsieur le Ministre, vous en assurer vous-même. Du reste, quel que soit leur contenu, elles ne peuvent rien contre mes droits à la propriété de ce projet, car elles sont postérieures au 19 octobre, jour où je communiquai cette même idée au Gouvernement, et même au 31 du même mois, jour où elle fut transmise à MM. les Ingénieurs par M. le Préfet de Rennes. La priorité de mes dates est un fait contre lequel nulle démarche, nulle pièce postérieure ne peut valoir.

Cependant, M. le Ministre, remarquez, je vous prie, la précipitation avec laquelle cette démarche est faite : vous pourrez en retirer de nouvelles lumières, si celles qui éclatent déjà ne vous paraissaient pas encore suffisantes. C'est dans l'espace de quelques jours, du 31 octobre au 7 novembre, que MM. les Ingénieurs conçoivent, élaborent, et livrent le projet en question. Eh quoi! peut se dire quiconque y réfléchit un peu, avant cette époque merveilleuse du 31 octobre, il a fallu je ne sais combien d'années à MM. les Ingénieurs d'Ille-et-Villaine, pour inventer quatre ou cinq projets impraticables, inutiles, nuisibles, et voilà que tout à coup, dans l'espace de six ou sept jours, ils enfantent le plus vaste et le mieux combiné de tous les projets qui aient encore parus relativement au Raccordement des canaux de Bretagne, et aux améliorations à faire au port de Redon. Le 31 octobre ils n'en avaient encore aucune idée; cela est démontré. Et voilà que le 6 du mois suivant, oubliant, comme par enchantement, tous les autres projets de canalisation qui absorbaient leurs pensées et leurs affections, ils les abandonnent soudain pour accueillir un nouvel arrivant. Ce jour-là même, il apparaît en germe dans un ordre de service de M. l'Ingénieur en chef. Dès le lendemain, 7 novembre, tout est examiné, achevé, arrêté, présenté, et cela sans aucun renseignement préalable, sans aucune descente sur les lieux où doivent se faire tant et de si importants travaux. Qui ne trouve étrange tant de précipitation et qui n'y reconnaît l'anxiété d'esprits qui, hier, étaient bien loin de s'attendre à ce projet et qui, aujourd'hui, le travaillent à la hâte, afin de pouvoir dire demain : il est à nous!

Remarquez encore je vous prie, l'inopportunité de ces mêmes démarches: c'est tre le 31 octobre et le 7 novembre que ce projet leur apparaît, c'est-à-dire, précisément au moment où ma lettre du 19 octobre en porte l'idée dans leurs bureaux.

Par quelle fatalité cette idée a-t-elle donc attendu l'apparition de ma lettre pour se montrer à eux? ou plutôt par quel aveuglement n'ont-ils pas remarqué qu'une pareille occurrence d'événements trahissait évidemment l'injustice qu'ils prétendaient cacher.

La troisième démarche qu'ils firent pour étayer leurs prétentions, fut une courte apparition de M. l'Ingénieur ordinaire Coiquaud à Redon, où il traça quelques plans relatifs au même projet et basés sur les même indices de ma lettre du 19 octobre, qu'ils avaient pu approfondir pendant seize jours, du 31 octobre au 15 novembre.

Cette démarche eut lieu le 15 novembre; elle est donc, comme la précédente, très-postérieure au 19 octobre, et n'a pas plus de force qu'elle contre mes droits.

Mais, par le fait, qu'étaient ces plans? Je ne les ai pas vus, parce que ce jour-là même j'étais à Nantes à surveiller l'impression des miens, pour me conformer à l'invitation que m'avait faite le Gouvernement de les lui communiquer. Mais ceux de mes concitoyens qui les ont vus, m'ont rapporté qu'ils consistaient en quelques lignes jetées au hasard sur le papier, et représentant approximativement les indices de ma lettre. Il ne pouvait guère en être autrement, M. l'Ingénieur ordinaire ne s'étant transporté sur les lieux que quelques instants dans la journée du 15, et évidemment pour la forme. Au reste, que ces plans fussent insignifiants, ou qu'ils fussent précis, il n'en demeure pas moins certain qu'ils ont été calqués sur ma lettre du 19 octobre, qu'ils avaient entre les mains depuis seize jours, du 31 octobre au 15 novembre.

Je ne sais s'il leur paraîtra de quelque utilité d'opposer à mes plans détaillés, que je livrai au Gouvernement le 19 novembre (pièce N.º II), ces prétendus plans qu'ils vinrent lever à Redon, le 15 du même mois. Comme cela pourrait se faire, voici d'avance ma réponse; elle est fort simple : ou leurs plans du 15 sont supposés, ou ils sont réels. S'ils sont supposés, évidemment ils n'ont aucune force contre les miens. S'ils sont réels, n'ayant été livrés au Gouvernement ni avant, ni après les miens, ils n'ont de force que comme faits particuliers; c'est-à-dire qu'ils prouveraient seulement que ces Messieurs, le 15 novembre, avaient en leur possession privée, l'idée de quelques plans relatifs au projet en question. Or, rien ne me serait plus facile que d'opposer à cette prétention une prétention toute semblable, et beaucoup plus puissante que la leur. Car moi aussi, le 15, que dis-je? le 11 novembre, j'avais l'idée, mais l'idée complète et détaillée de ces plans. J'étais à Nantes à les faire imprimer dans un Mémoire long et réfléchi; et les personnes qui m'aidaient dans ce travail, et l'imprimeur qui les mettait sous presse, et le dépôt de cet imprimé à la Préfecture, attesteraient suffisamment ces faits, qui doivent avoir bien un autre poids aux yeux de mes juges, que la courte apparition de M. l'Ingénieur ordinaire à Redon, et sa prétendue levée de plans.

Je n'ai pas dit assez : il me serait aussi facile de démontrer que dès le mois d'octobre, j'avais l'idée de ces mêmes plans; car qu'est-ce que ma lettre du 19 octobre (pièce N.º 2), sinon l'abrégé de mon Mémoire détaillé du 19 novembre? eût-il donc été naturel que ce 19 octobre, j'eusse été annoncer au Gouvernement les premières notions d'un projet que je n'aurais pas bien connu, bien mûri? lui promettre des avantages immenses que je n'aurais pas aperçus? lui en proposer des plans détaillés que j'aurais été incapable de lui fournir à première réquisition? Ces hypothèses sont par trop absurdes. Donc je connaissais parfaitement mon projet et ses plans détaillés le 19 octobre; et je puis ajouter, quoique je ne puisse en donner de preuves positives, qu'il y avait trois ans que je le roulais dans mon esprit. Que MM. les Ingénieurs viennent donc après cela m'opposer leur levée de plans le 15, pour usurper ma propriété !

Au surplus, Monsieur le Ministre, remarquez-le, je vous en supplie, je n'ai fait les raisonnements précédents que par surabondance de preuves. Car quoique MM. les Ingénieurs soient venus lever des plans le 15 novembre à Redon, il est de fait qu'ils ne les ont pas livrés au Gouvernement avant le 19, jour où je lui communiquais les miens avec un Mémoire à l'appui (pièce, n.º III). Je n'ai pas même entendu dire qu'ils les aient livrés depuis. D'où il suit qu'à quelque époque que ce soit qu'ils viennent désormais déposer leurs plans détaillés, j'ai le droit de nier qu'ils soient les leurs, puisqu'ils ont eu les miens entre les mains depuis le 19 novembre, et qu'ils ont pu servir de base aux leurs.

Donc il est incontestable que ces plans sont véritablement ma propriété aussi bien que l'idée première du projet; le projet tout entier. Je n'ajouterai plus qu'une simple observation aux preuves que je viens d'indiquer. C'est que pour renier mon droit à la propriété de ce projet, il ne faudrait rien moins que prétendre et prouver qu'au lieu d'avoir fourni mes idées à MM. les Ingénieurs de la navigation de la Villaine, par ma lettre du 19 octobre, et par mon Mémoire détaillé du 19 novembre; c'est moi-même qui ai été le plagiaire des leurs. Car enfin, ces plans sont si évidemment les mêmes, qu'il faut nécessairement dire : ou que ce sont eux qui ont copié les miens, ou que c'est moi qui ai copié les leurs. Or, cette dernière assertion répugne, non-seulement aux faits, qui tous concourent à établir le contraire; mais encore au simple bon sens, qui dit : que je n'ai pu être, le 19 octobre, plagiaire d'un projet dont ces Messieurs ne manifestent la première idée que le 7 novembre; qui dit encore que les 12, 13 et 14 novembre, je ne pouvais leur ravir, et faire imprimer à Nantes les plans et mémoire détaillés d'un projet, dont le 15 seulement, ils traçaient quelque ébauche à Redon; qui dit, enfin, que lors même qu'ils auraient connu ce projet avant le 19 octobre, ce n'était pas un simple particulier, retiré à Redon, circonscrit dans les occupations de la famille, sans relations quelconques avec ces messieurs ou avec ceux qui les approchent. Ce n'était pas, dis-je, un tel particulier qui pouvait aller fouiller leurs cartons et leurs pensées, et y découvrir un projet qui, certes, y eût été bien caché, puisqu'ils ne peuvent en montrer aucune trace, aujourd'hui même qu'ils donneraient tout pour l'y trouver. Ce n'est donc pas moi qui ai dérobé leurs plans. Qui est-ce donc qui m'a dérobé les miens ?....

Monsieur le Ministre, mes droits à la propriété du projet que l'on me conteste, étant aussi évidemment démontrés, je n'ajouterais certainement rien si je n'avais encore à garantir ceux que j'ai à votre estime, et dont je ne suis pas moins jaloux. Vous me comprendrez, Monsieur le Ministre, quand vous saurez qu'en 1831, encouragé par M. Roy, alors Préfet de Rennes, à solliciter près de l'Administration des ponts et chaussées une prise d'eau dans la Villaine, qui était nécessaire au développement de mon usine, et que M. le Directeur général m'avait fait espérer, par une lettre du 27 mars 1826 (pièce n.º 9), on me perdit au yeux de cette Administration, en flétrissant ma réputation dans tout ce qu'elle a de plus sensible à un homme d'honneur. Une lettre anonyme, contenant une menace d'assassinat contre un officier des ponts et chaussées, me fut calomnieusement imputée; et il ne manqua à cette infernale pièce, pour précipiter dans les fers un père de famille honnête et paisible, que d'avoir quelque ressemblance avec son écriture.

Appelé devant M. le Juge d'instruction de Savenay, je n'eus pas de peine à me purger d'un si odieux soupçon ; les pièces numéros 10 et 11 en font foi. Néanmoins, je ne sais par quelle fatalité cette lettre, convaincue si authentiquement de calomnie, circulait en secret à la Direction générale, au moment où je m'y présentais pour appuyer ma demande. Elle passa à mon insu sous les yeux de plusieurs illustres personnages de cette Administration qui, trompés par des personnes qui abusaient de leur confiance, et ne trouvant en eux-mêmes de sympathie que pour l'homme d'honneur, détournèrent les yeux de l'homme qui leur apparaissait revêtu de si odieuses couleurs.

Je suis bien loin d'accuser ici ces illustres personnages; je dois, au contraire, la plus vive reconnaissance à ceux qui voulurent bien d'abord se montrer mes protecteurs et applaudir à mes entreprises industrielles. Certes, ils les auraient secondées avec empressement, si cette détestable pièce n'était venue leur dire que je ne méritais ni leur estime ni leur appui. Je n'accuse même personne de la confection de cette lettre, car je suis encore à savoir si elle fut le produit de la malice ou d'une mauvaise plaisanterie ; on a dit l'un et l'autre; mais ce qui est certain , c'est qu'elle m'a nui au-delà de tout ce qu'on peut dire, en ruinant mon honneur aux yeux des personnes auprès desquelles je suis le plus jaloux de le conserver, et en enchaînant le développement de mon usine et de mon industrie.

Ces fâcheuses impressions subsistent peut-être encore; on peut les réveiller pour essayer de glacer de nouveau les cœurs que la justice de mes droits à la propriété que je réclame, ne manquera pas d'émouvoir, et j'ai dû me précautionner contre ce malheur. Daignez, Monsieur le Ministre, lire les pièces n.ºs 10 et 11. Quelque personne mal intentionnée et soigneuse de cacher son nom, m'accuse d'une préméditation horrible. Un jugement solennel de mon tribunal naturel, une attestation authentique de mes honorables concitoyens, au milieu desquels je vis depuis plus de 20 ans, me justifient. De quel côté est la vérité ?....

Je m'abstiens de tout commentaire. Tout ce que je vous supplie de remarquer,

Monsieur le Ministre, c'est qu'un pareil antécédent m'autorise à réclamer de votre équité un peu de circonspection , si des inculpations semblables venaient à être tentées de nouveau contre ma personne.

J'ai donc pleine confiance, Monsieur le Ministre, que vous démêlerez aisément mon innocence et la justice de mes droits, à travers les nuages dont on a voulu les obscurcir. Il ne sera pas dit que des officiers inférieurs de l'honorable Administration des ponts et chaussées aient abusé de la confiance de leurs supérieurs , jusqu'à opprimer un citoyen dont le seul crime aurait été d'avoir voulu être utile à son pays. Il ne sera pas dit qu'ils les auront, à leur insu, et par l'effet d'une intrigue, rendus complices d'un plagiat que leur bouche désavouera aussi bien que leur cœur, dès qu'ils en auront pris connaissance. Il ne sera pas dit, enfin, par mes honorables concitoyens, et par toutes les personnes qui ont bien voulu s'intéresser à ma cause : En Bretagne, à Redon, il existe un citoyen honnête, paisible, industrieux, qui a constamment cherché à être utile à son pays, et qui n'a jamais reçu en récompense que de l'oppression, des avanies, des infortunes. Dernièrement encore, il a découvert un projet qui épargne plus d'un million au Gouvernement , apporte la prospérité, et des richesses immenses au sein de son pays ; et lui , par suite d'une intrigue qui lui a ravi la propriété de cette utile découverte , il gémit avec sa famille dans l'indigence.

Votre sagacité, votre loyauté, votre équité, Monsieur le Ministre, et celles de vos illustres collaborateurs qui seront appelés à l'examen de cette affaire, m'engagent à me reposer dans de meilleures espérances.

Agréez, s'il vous plaît, Monsieur le Ministre, l'assurance du profond respect et du parfait dévouement avec lesquels j'ai l'honneur d'être

Votre très-humble serviteur,

CAHOUR.

P. S. *Dans l'exemplaire du plan joint à la pièce justificative n.° 2 que je vous adressai le 19 octobre 1836, le canal LMN débouchait dans l'Oust, au-dessus de l'Arre. C'est une erreur manifeste du copiste, car dans mon Mémoire explicatif, p. V, au 6.°, j'annonce que les prairies situées sur la rivière d'Arre , doivent participer au bienfait des desséchements et arrosements , par le moyen de l'Ecluse. Or , on suppose évidemment que ce canal LMN débouche au-dessous de l'Arre et non au-dessus : ainsi qu'il est rectifié dans le plan ci-joint à la pièce n.° II, je fis part de cet Errata à M. le Préfet d'Ille-et-Villaine , qui m'en donna récépissé le 26 janvier 1837.*

Je vous supplie, avec plus d'instance que jamais, Monsieur le Ministre, de vouloir bien me faire part des difficultés qui pourraient survenir, soit sur la propriété, soit sur la discussion de mon projet. Serait-il possible qu'on me condamnât sans m'entendre ? . .

CAHOUR.

PIÈCES JUSTIFICATIVES.

N.º I.

Offre faite par le sieur Cahour, de Saint-Nicolas-de-Redon (Loire-Inférieure), d'un projet de Bassin à flot, et de Raccordement des canaux de Bretagne dans le port de Redon.

Saint-Nicolas-de-Redon , le 19 octobre 1836.

Monsieur le Ministre ,

Depuis que la Villaine a été rendue navigable, tous les Gouvernements se sont constamment et activement occupé de donner à cette importante rivière l'accroissement et la perfection dont elle est susceptible.

Elle est, comme vous le savez, M. le Ministre, le canal qui, en temps de guerre surtout , donne un sûr asile aux navires de commerce , dans le port de Redon, et alimente la Haute-Bretagne, le Maine et la Normandie. Par suite du canal d'*Ille-et-Rance*, qu'elle reçoit à Rennes, et de celui de Nantes à Brest , qu'elle reçoit à Redon, ce dernier point de Redon acquiert une nouvelle importance. Aussi le Gouvernement, depuis 10 à 15 ans surtout , recherche-t-il avec soin le moyen de faire, dans ce port, un Raccordement des canaux de Bretagne.

Il voudrait, d'accord avec tous les intérêts, 1.º Faire en Villaine une Ecluse marine capable de recevoir des navires de quatre à cinq cents tonneaux , tels qu'ils se construisent et arrivent fréquemment à Redon ;

2.º Etablir dans le port de cette ville, au moyen de la même Ecluse, un Bassin à flot qui offrirait, en tout temps, une hauteur d'eau convenable à l'action des bateaux plats et des navires d'un moyen tonnage ;

3.º Que le Raccordement du canal de Nantes à Brest, et sa jonction avec la rivière d'Oust, qui deviendrait canal, eût lieu en amont de cette Ecluse ; en sorte qu'en traversant le Bassin à flot, toutes sortes de bateaux pussent s'acheminer, sans retard et sans danger, vers Rennes, Saint-Malo, Nantes, Brest et la mer, tandis que dans l'état actuel, les mauvais temps font couler les bateaux plats, lorsqu'ils entrent en Villaine, au sortir du canal, et que les mortes marées interrompent leur marche, au déversoir des moulins de Redon, au moins la moitié du temps ;

4.° Offrir à la Villaine et à l'Oust, un débouché facile et suffisant pour se décharger de leurs eaux en temps d'inondation, afin de ne pas gêner les terrains d'amont ;

5.° Enfin, empêcher les marées vaseuses qui auront bientôt fait une prairie du port de Redon, *de monter au-dessus de l'Ecluse, et d'encombrer le Bassin à flot.* Tel est à peu près, je crois, M. le Ministre, le but qu'on se propose depuis longtemps, et qu'aucun des projets présentés jusqu'à ce jour, n'a encore pu réaliser, vu les difficultés locales qui paraissent insurmontables.

Dans cet état de choses, j'ai cru que ce serait rendre un véritable service à mon pays, que de vous informer, M. le Ministre, que je crois avoir reconnu un nouveau projet, aussi simple dans son plan que facile dans son exécution, qui atteint exactement tous les avantages que je viens d'énumérer et que j'estime en aperçu devoir coûter un tiers moins que le dernier présenté, lequel cependant laisse le port de Redon sans Bassin à flot. *Voici la principale raison sur laquelle je m'appuie : c'est que tous les travaux d'Ecluse, Vannes, Déversoir, etc. se feront sur un naturel des plus solides, capable de résister à l'action des eaux, et sans autres épuisements à faire que ceux que fourniront les pluies, ou les filtrations des rochers.*

Ne trouvez pas extraordinaire, M. le Ministre, que ce projet vous soit présenté par un simple particulier ; j'avoue que j'en dois l'invention moins à mes recherches qu'au hasard qui, plus d'une fois, a fait découvrir des choses d'une grande importance, par des moyens que les génies les plus distingués n'auraient pu soupçonner. Ce que je regrette bien sincèrement, M. le Ministre, c'est que ma position ne me permette pas de vous faire part pour rien, et sans condition, de ce qui m'a si peu coûté. Jugez-en vous-même, je vous en supplie.

Je suis père de neuf enfants presque tous en bas âge. Privé depuis quelques mois de mon épouse, je n'ai d'autres ressources pour élever ma nombreuse famille, qu'une Usine située au port de Redon, et qui serait anéantie par l'effet de mon projet, sans que j'eusse droit à aucune indemnité. J'ose donc espérer, M. le Ministre, que vu l'avantage immense de mon projet, s'il venait à être adopté, vu aussi la position d'un père de famille, que son pays vous attesterait avoir blanchi dans l'accomplissement de ses devoirs, vous ne trouverez pas exorbitant de m'accorder les dédommagements suivants :

1.° Si mon projet vient à être adopté, le gouvernement m'accordera la jouissance exclusive du trop-plein, contenu dans le Bassin à flot, pour remplacer celui qui me sera enlevé sur la rive gauche de la Villaine.

2.° Il me fera l'acquisition et me donnera gratuitement, trois journaux de terrain *situés près le déversoir de l'Ecluse marine, et dans la pièce même où il sera construit,* afin que je puisse y bâtir et y exploiter facilement ma nouvelle usine.

3.° Au même titre, il m'accordera les fonds nécessaires pour construire cette usine et accessoires, sans lesquels toute concession me deviendrait inutile, vu ma position.

4.° Si par suite des travaux à faire, il se comblait ou desséchait quelque portion des lits de la Villaine, ou de l'Oust, la propriété m'en serait aussi accordée gratuitement.

5.º On me remettra les titres et pièces nécessaires à la jouissance paisible des concessions précédentes.

6.º Dans le cas où il vous plaise, M. le Ministre, d'accepter ma proposition, et de juger par vous-même du mérite de mon projet, je vous supplie de m'en aviser directement; je me rendrai à Nantes, chef-lieu de mon département; je déposerai un croquis de mes plans, et un mémoire explicatif à l'appui, entre les mains de M. le Préfet, que vous aurez la bonté d'autoriser à m'en donner récépissé.

Je crois, M. le Ministre, qu'il serait dans l'intérêt de tous que je fusse prévenu des objections que l'on pourra faire dans la discussion de mon projet, afin que je puisse en donner la solution, si cela m'est possible.

Daignez agréer, etc.   *Signé :* CAHOUR.

N.º II.

Mémoire détaillé, relativement au projet de Bassin à flot et de Raccordement des canaux de Bretagne dans le port de Redon, proposé par le sieur Cahour.

Saint-Nicolas-de-Redon, le 19 novembre 1836.

Monsieur le Ministre,

J'ai reçu, par l'entremise de M. le Préfet d'Ille-et-Villaine, l'acceptation des propositions que j'eus l'honneur de vous faire par ma lettre du 19 octobre dernier, relativement au *Raccordement des canaux de Bretagne et d'un Bassin à flot,* dans le port de Redon. Sur votre invitation, je me hâte de vous communiquer mes projets. Le petit plan ci-joint, quoiqu'il ne soit point tracé dans toutes les règles et les proportions de l'art, suffira cependant pour vous faire connaître mes conceptions, vu leur simplicité. L'administration des Ponts et Chaussées a, d'ailleurs, dans ses cartons, des plans exacts des mêmes lieux; elle peut y recourir pour plus d'éclaircissements. J'ai envoyé un double de ce plan et du mémoire ci-joint, à M. le Préfet d'Ille-et-Villaine, pour me conformer à vos intentions.

Mon projet consisterait : 1.º à établir une *Écluse marine* au point A. Ce point distant du lit actuel de la Villaine d'environ 200 mètres, et situé dans une vigne, au bord de la chaussée d'Aucfer à Redon, repose sur un fond vierge et solide, quoique la prairie inférieure E F, n'offre qu'un fond de vases, à près de 20 mètres de profondeur. La connaissance particulière que j'ai des lieux me fait présumer que ce solide isolé est un prolongement du plateau sur lequel la ville de Redon et le faubourg du Châtelet sont assis.

2.º A établir sur le même fond, au point G, un déversoir. Ce déversoir serait d'une longueur suffisante pour donner passage aux eaux du Bassin à flot qui, en hiver, sont quelquefois considérables; et pour ce fait, il serait muni dans toute sa longueur de *vannes de fond mobiles*, qu'on lèverait à proportion du trop-plein gênant. On pourrait, si on le jugeait plus convenable, établir ces vannes sur le chapeau du déversoir, qui serait élevé à la hauteur de l'étiage du Bassin à flot. On aurait ainsi l'avantage, en ouvrant les portes de l'Écluse marine, de mettre à sec le Bassin à flot, et d'en faire évacuer le peu de boue que la Villaine pourrait y charrier d'amont.

3.° A détourner un peu le cours actuel de la Villaine qui, au lieu de suivre la ligne J K, suivrait la nouvelle ligne H G I. Ce canal prendrait son origine au point H, parcourrait environ 200 mètres jusqu'au point G, où il rejoindrait l'écluse, redescendrait suivant G I, en parcourant environ 200 mètres, et rejoindrait l'ancien lit de la rivière au point J. On pourrait creuser la partie G H du Bassin à flot, de manière à agrandir le port de Redon de près d'un tiers. Le creusé de ce canal serait d'autant plus facile à faire, que les portions de terrain qui se trouvent dans la prairie E F, sont formées de vases consolidées, la portion qui se trouve dans la vigne B C D, étant seule sur le solide.

4.° A creuser un *canal* L N M, qui joigne la Villaine à l'Oust, et donne passage aux bateaux se dirigeant de Redon à Brest, ou de Brest à Redon. Ce canal sortirait du Bassin à flot en L; en M, il entrerait dans l'Oust, qui servirait de canal vers Brest. Sa longueur serait d'environ 3,000 mètres; à peu près les deux tiers de son creusé seraient dans des prés-marais. Partant du Bassin à flot en L, il irait rejoindre la *croix du Châtelet*, en N, couperait la plaine qui s'étend de là jusqu'à la *Rive* au Bas-Codilo; il longerait le côteau jusque vers le lieu nommé *Couré*. A cet endroit le canal ne se trouverait séparé de l'Oust que par une langue de prés-marais, dans laquelle il faudrait continuer son creusé jusqu'au point M, où il rejoindrait l'Oust, sous le village de *Veilderais*; puis continuerait sa route vers Brest. Ce tracé procurerait aux bateaux l'avantage d'un bon halage, et celui d'éviter les sinuosités de l'Oust dans les marais de S. Jean, qui sont couverts d'eau en hiver.

5.° A construire un pont sur le précédent canal, au point N, afin de renouer la chaussée d'Aucfer, qui serait coupée par ce canal. Ce pont se trouverait sur le solide.

6.° A boucher, au moyen de deux batardeaux, les anciens canaux de la Villaine et de l'Oust; l'un au bas du Bassin à flot, suivant O P, l'autre à l'entrée du canal L N M, dans l'Oust, suivant Q R. Ces batardeaux seraient construits, afin d'empêcher les eaux du Bassin à flot de s'évader par les anciens lits des rivières.

7.° Il sera, je crois, utile d'exhausser la rive gauche du Bassin à flot, suivant P S T, afin d'empêcher les eaux vaseuses qui viennent du bas de la Villaine, d'entrer dans le port par les marais de Saint-Nicolas, ce qui arrive quelquefois aux fortes marées. Le même travail devrait avoir lieu le long du canal L N M, de Couré au domaine de Bonne-Arre, et en contre-bas de la chaussée de Saint-Nicolas.

Il vous sera facile, d'après cet exposé, Monsieur le Ministre, de reconnaître que mon projet atteint tous les avantages que je vous avais annoncés dans ma lettre du 19 octobre, et même d'autres dont je ne faisais pas encore mention.

1.° Il établit une *Ecluse marine* capable de recevoir des navires de grand tonnage; car il sera toujours libre à l'administration de faire cette Ecluse de grandeur convenable; il lui suffirait pour cela de monter le point A plus ou moins haut dans la vigne C D, où s'étend le solide.

2.° Il établit, dans le port de *Redon*, un Bassin à flot capable de recevoir un très-grand nombre de navires, et de leur procurer une circulation facile en tout temps; car les eaux de la Villaine qui descendent d'amont, sont retenues dans ce port; 1.° par le batardeau O P, qui les empêche de s'écouler par l'ancien lit de la Villaine; 2.° par le batardeau Q R, qui les empêche de s'évader par l'Oust; 3.° par l'écluse et le déversoir A G, qui les empêchent de sortir par le nouveau canal de la Villaine. Il permet encore d'élever les eaux du Bassin à flot à telle hauteur qu'on voudra, puisqu'il suffira pour cela de lever plus ou moins de vannes mobiles au déversoir de l'Ecluse.

3.º Il opère le Raccordement du canal de Nantes à Brest, et d'Ille-et-Rance à Redon. Car, 1.º en faisant tomber le canal de *Nantes à Redon*, dans un point quelconque de la Villaine, au point U, par exemple, cette branche du canal déboucherait dans le Bassin à flot; 2.º en traçant un canal de jonction entre ce Bassin et l'Oust, par exemple, suivant le plan L M, ce canal sortirait du port de Redon, et se dirigerait vers Brest par l'Oust, qui deviendrait alors canal; d'où il suit que les bateaux pourraient circuler sans *retard* et sans *danger* dans le Bassin à flot, se diriger vers Brest, par le canal L N M; vers Nantes, par le canal U V; vers Rennes, en remontant la Villaine, et vers Saint-Malo, en prenant à Rennes le canal d'Ille-et-Rance; enfin les plus gros navires pourraient redescendre à la mer, par l'Ecluse A, suivant le canal G I Z.

4.º Il offre à la *Villaine* et à l'*Oust*, un débouché suffisant pour décharger leurs eaux qui pourraient gêner les terrains d'amont en temps d'inondation; car on sera toujours libre de faire le déversoir G, et les portes de l'Ecluse aussi larges qu'on le jugera convenable. De plus, je vous prie d'observer qu'à *Goule-d'Eau*, point où se joignent actuellement la *Villaine* et l'*Oust*, ces rivières ont un débouché suffisant en temps d'inondation; or, dans mon projet, nous ne faisons que transporter à l'Ecluse A, le point actuel de jonction de ces rivières; d'où il suit que si le lit de la Villaine à Goule-d'Eau a suffi jusqu'à ce jour, le déversoir et l'écluse étant construits de grandeur suffisante, donneront le même résultat.

5.º Il empêche les marées vaseuses d'entrer dans le port de Redon, et d'encombrer le Bassin à flot; car le chapeau des vannes étant élevé de 10 centimètres au-dessus des grandes marées, la rive gauche du Bassin à flot, suivant P S T, et la rive droite du canal L N M, et le contre-bas de la chaussée de Saint-Nicolas étant aussi élevés de quelques centimètres, les plus grandes marées ne pourront s'y introduire.

6.º Outre ces avantages, que le Gouvernement, le commerce et l'industrie retireraient de mon projet, ainsi que j'avais eu l'honneur de vous l'annoncer, il en est deux autres que je vous supplie de remarquer encore : le premier, qui serait d'une importance immense pour l'agriculture, consisterait à opérer des desséchements et arrosements opportuns, sur des milliers de journaux de marais qui se trouvent situés en amont de l'Ecluse marine, entre *Redon* et *Port-de-Roche*, sur la *Villaine; Redon* et *Glénac*, sur l'*Oust; Redon* et *S.-Jagut*, sur la rivière d'*Arre*. Car ces prairies immenses sont sujettes à deux inconvénients fort graves, qui réduisent habituellement leurs produits de moitié, et qui quelquefois les anéantissent tout-à-fait. Ces inconvénients sont les sécheresses et les inondations fréquentes et prolongées, qui rendent habituellement une seconde coupe de foin impossible, endommagent souvent la première, et réduisent l'engrais des bestiaux à nullité. Or, pour remédier à l'inconvénient des sécheresses, il suffirait d'abattre toutes les vannes du déversoir, et de laisser le Bassin à flot se remplir, pour faire déverser les rivières sur ces prairies. De plus, ce mode d'arrosement aurait d'immenses avantages sur le mode actuel; car 1.º dans l'état actuel, les marées capables d'arroser ces prairies d'amont, n'ont lieu durant l'été que très-rarement : dans l'état de mon projet, on pourrait les arroser toutes les fois qu'on le jugerait à propos; 2.º dans l'état actuel, les plus grandes marées n'atteignent pas un grand nombre de prairies un peu plus élevées que les autres, et ne demeurent que très-peu de temps sur celles qu'elles atteignent, c'est-à-dire, une heure tout au plus, que dure le plein des grandes marées; dans l'état de mon projet, eu laissant les eaux du Bassin à flot monter jusqu'au chapeau des vannes qui est élevé de 10 centimètres au-dessus des plus hautes marées, on atteindrait toutes les portions de prairies qui sont elles-mêmes à cette hauteur; 3.º dans l'état actuel, les inondations provenant des marées ou des pluies extraordinaires qui surviennent souvent pendant la coupe des foins et sont retenues par le batardeau, aux moulins de Redon, ne s'écoulent que très-lentement, et pourrissent ou entraînent les récoltes.

Dans l'état de mon projet, on pourrait empêcher les inondations inopportunes des marées, en les arrêtant aux portes de l'Ecluse, et celles des pluies, en leur ouvrant le large débouché de la même Ecluse et de son déversoir. Si donc l'on rapproche ces deux modes d'arrosement et de desséchement aussi prompts que faciles, que l'on pourrait ainsi opérer à temps opportun, on concevra aisément que mon projet, loin de nuire aux propriétés situées en amont de l'Ecluse, est susceptible de leur procurer des avantages incalculables.

Le second consisterait à favoriser la navigation des bateaux à vapeur qui vont commencer incessamment leur service sur la Villaine, et dont tout le pays sent vivement la nécessité. Dans l'état actuel, 1.º ils ne peuvent passer le batardeau des moulins de Redon qu'aux grandes marées, et seulement à l'heure du plein, ce qui rend la navigation fort difficile et fort lente sur toute cette ligne de la Bretagne. En suivant mon projet, ces bateaux pourraient l'exploiter sans difficulté, depuis Rennes jusqu'à la mer; 2.º dans l'état actuel, les bateaux plats, venant de Bellion à Redon, sont exposés à de nombreuses avaries, causées par la violence des courants, des vents et des débordements de la Villaine; tout récemment encore, plusieurs, richement chargés, et appartenant à la maison Riboulet et Besnard, de Rennes, sombrèrent avec leur cargaison. En suivant mon projet, il serait facile de faire remorquer toute espèce de navires par un bateau à vapeur.

Cette dernière idée m'en suggère une autre, qui réduirait encore de plusieurs centaines de mille francs, la somme des dépenses à faire pour opérer le Raccordement des canaux, déjà si considérablement diminuée par la simplicité de mon projet. Il ne s'agirait pour cela que d'abandonner tout le projet de canalisation de Bellion à Redon, le long des montagnes de Saint-Nicolas, et laisser aux bateaux à vapeur le soin de remorquer les autres bateaux, de Redon à la mer, et de la mer à Redon. Cette voie serait périodique et beaucoup plus accélérée que toute autre; car dans l'état actuel, les bateaux venant de Bellion à Redon, ou de Redon à Bellion, sont souvent retenus dans l'un de ces deux arrivages, par les vents contraires ou par les débordements des eaux qui les empêchent de se hasarder sur cette ligne de la Villaine. Or, en suivant mon projet, ces bateaux pourraient effectuer le trajet de Bellion à Redon en moins d'une heure, et cela tous les jours et sans aucun danger, même pendant les mortes marées; car ces remorqueurs ne calent pas plus de 2 pieds d'eau, tandis que les mortes marées s'élèveront de 6 à 8 pieds derrière l'écluse, en supposant que l'on établisse le fond de l'écluse à la profondeur du lit actuel de la rivière à cet endroit. Il en est de même pour les navires de commerce, qui sont forcés d'attendre un temps favorable, ou à Redon, ou à l'embouchure de la Villaine, avant de pouvoir naviguer de l'un à l'autre de ces points; ou plus souvent encore, quand ils sont pressés, ils sont obligés de prendre 20 à 30 hommes, pour se haler à grands frais et à grand'peine. En suivant mon idée, ces mêmes navires pourraient être conduits sûrement et promptement, d'un point à l'autre.

Tels sont , Monsieur le Ministre, mes plans tels que je les ai conçus. Ils me paraissent nets, simples, faciles, et réunir au plus haut degré tous les avantages désirables. Je vous supplie d'observer que quoique les travaux nécessaires à leur exécution , tels que je les indique, me paraissent les plus convenables, je n'ai jamais osé prétendre qu'ils dussent être arrêtés exactement aux lieux et dans les proportions que j'ai décrites. Je ne les décris qu'approximativement, pour vous donner l'idée générale de mes plans ; et c'est seulement cette idée générale qui constitue mon projet.

Daignez , en finissant, Monsieur le Ministre, jeter un coup d'œil sur le point X près du déversoir G ; c'est à ce point que serait placée ma nouvelle usine, afin qu'elle pût recevoir dans ses vannes mouloires, le trop-plein nécessaire pour faire mouvoir mes roues hydrauliques. Le Gouvernement prendrait dans la vigne X C D, les trois journaux de terrain qui me sont nécessaires pour l'exploitation de cette usine. J'espère qu'il reconnaîtra que mon établissement ne peut gêner aucun de ses plans, tandis que, au contraire, elle est d'une utilité indispensable pour le pays qui s'en trouvera dépourvu par l'anéantissement de mon ancienne usine, et d'une autre, qui sont les seules que possède la ville de Redon.

Je vous réitère avec instance, Monsieur le Ministre, la prière que je vous fis dans ma lettre du 19 octobre dernier, de vouloir bien me donner connaissance des difficultés qui pourraient s'élever dans la discussion de mon projet, afin que je puisse en donner la solution si cela m'est possible.

Agréez, Monsieur le Ministre, l'assurance du profond respect avec lequel j'ai l'honneur d'être

Votre très-humble serviteur,

CAHOUR.

N.º III.

Récépissé que me délivra M. le Sous-Préfet de Redon.

Redon , le 19 novembre 1836.

Le Sous-Préfet de l'arrondissement de Redon, chevalier de la Légion-d'honneur, a reçu ce jour 19 novembre 1836, de M. Cahour, propriétaire, demeurant à Redon, sur la demande de M. le Préfet d'Ille-et-Villaine, en date du 8 novembre 1836, le plan visuel d'un projet de Raccordement des canaux de Bretagne, et d'un Bassin à flot au port de Redon, auquel est joint un mémoire commençant par ces mots : « J'ai reçu par l'entremise de M. le Préfet d'Ille-
» et-Villaine, » et finissant par ceux-ci : « afin que je puisse en donner la solution, si cela
» m'est possible. «

En Sous-Préfecture , à Redon , ce 19 novembre 1836.

Pour le Sous-Préfet de Redon , en tournée , le Membre du Conseil-général délégué.

Signé : JOURNÉE.

N.º IV.

Réponse de M. l'Ingénieur en chef Robinot, à l'envoi d'un exemplaire de mes plans détaillés, dont j'avais voulu lui faire hommage.

Rennes, 23 novembre 1836.

Je reçois à l'instant (3 heures après-midi) votre lettre et le mémoire qui l'accompagne. Par ma lettre du 7 de ce mois, à M. le Préfet d'Ille-et-Villaine, j'ai fait connaître à ce magistrat mes idées et celles de M. l'Ingénieur *Coiquaud*, sur les travaux qu'il nous paraît en définitif, le plus à propos de faire à Redon, dans l'intérêt du port maritime et des canaux de Bretagne. Ces idées sont détaillées dans mes lettres du 3 et du 6 courant, à M. l'Ingénieur Coiquaud, lettre dont j'adressai copie le 7 de ce mois à M. le Préfet d'Ille-et-Villaine.

J'ai l'honneur d'être, etc.

Signé : ROBINOT.

N.º V.

Réponse que je fis à la lettre précédente de M. Robinot.

Redon, le 3 décembre 1836.

J'ai appris, par votre lettre du 23 écoulé, l'intention étrange où sont MM. les Ingénieurs d'Ille-et-Villaine de présenter comme leur, le projet d'Ecluse dont je vous ai envoyé copie, par ma lettre du 20 novembre, et qui est à toutes sortes de titres ma propriété. Je vous avoue, Monsieur, qu'il m'en coûte de soupçonner capables d'employer de tels moyens, des hommes d'une droiture et d'une probité d'ailleurs reconnues; et je rejetterais volontiers loin de moi cette pensée, si des données certaines, et la lettre même que vous m'avez fait l'honneur de m'écrire, ne me forçaient d'y croire ; car je dois vous informer, Monsieur, que je suis instruit de bonne source, des mesures qui ont été prises pour me perdre ; votre lettre m'en est une nouvelle preuve, par les contradictions qu'elle me met à même d'établir, entre des dates authentiques et importantes ; les démarches de MM. vos administrés, et les précautions que j'ai prises près du Gouvernement, relativement à la sécurité de mes titres.

Je vous supplie donc, Monsieur, de faire en sorte qu'on se désiste de ces prétentions, dont l'abandon peut vous être très-honorable ; mais dont la poursuite ne pourrait qu'être très-fâcheuse, et pour ceux qui les soutiendraient et pour moi. Pour eux, dont la réputation de droiture ne pourrait que perdre à la publicité de pareils débats ; pour moi, qui serais obligé de les solliciter ; car vous saurez, Monsieur, que le pain de mes neuf enfants en dépend.

Pardonnez-moi, je vous prie, un peu de vivacité dans mes plaintes ; ce n'est point un cœur aigri qui les dicte ; elles me sont arrachées par la vue de la ruine dont on me menace, et par l'évidence de mes droits qui m'encourage. Ces motifs me font espérer que vous en reconnaîtrez volontiers la justice, et que vous voudrez bien agréer, etc.

Signé : GAHOUR.

N.º VI.

*Fragment d'une lettre de M. l'Ingénieur en chef Robinot, à M. le Sous-Préfet de
Redon.*

Rennes, le 24 novembre 1836.

Je suis informé par M. l'Ingénieur Coiquaud, qu'il s'est rendu à Redon le 14 de ce mois,
et qu'il y a fait, dans la journée du 15, diverses opérations sur le terrain, relatives à l'étude
d'un projet mentionné dans mes lettres du 3 et 6 courant, ayant pour but de faire à Redon ce
qui nous paraît en définitif le plus convenable, dans l'intérêt du port et des canaux de Bretagne. M. l'Ingénieur Coiquaud a eu l'honneur de vous expliquer, en détail, en quoi consiste
ce projet ; qu'il a pour objet principal d'établir une Ecluse marine et un Déversoir sur le
terrain solide existant entre le village de la Motte et le port de Redon. En amont de
ces ouvrages, doit être creusé du côté de Redon, un Bassin à flot qui s'étendra jusqu'au port
actuel et du côté de l'Oust, une dérivation qui réunira l'Oust à la Villaine.

Signé ; ROBINOT.

N.º VII.

*Lettre de M. le Préfet d'Ille-et-Villaine, en réponse à des renseignements que je
l'avais prié de me procurer.*

Rennes, le 26 novembre 1836.

Par votre lettre d'hier, vous me priez de vous faire connaître à quelle date MM. les Ingénieurs de la navigation de la Villaine ont reçu les instructions nécessaires pour rendre
compte du projet que vous annonciez avoir dressé pour l'amélioration du port de Redon.
Je m'empresse de vous informer que cette date est celle du 31 *octobre dernier.*

Le Préfet,
ROBE DE LA CHAPELLE.

N.º VIII.

Autre lettre du même, et pour un objet semblable.

Rennes, le 17 décembre 1836.

J'ai l'honneur de vous informer, en réponse à votre lettre du 13 de ce mois, que M. l'Ingénieur en chef du canal d'Ille-et-Rance, et de la navigation de la Villaine, m'a fait
connaître, par lettre du 7 novembre, son projet d'établir une Ecluse marine au-dessous du
port de Redon, dans l'emplacement du Déversoir projeté, en 1835, pour la rivière

4

d'Oust. A sa lettre était jointe une copie de son ordre de service, adressée à M. Coiquaud, Ingénieur ordinaire, pour qu'il eût à étudier sur le terrain et à tracer ce projet.

Le Préfet,
ROBE DE LA CHAPELLE.

N.° IX.

Lettre de M. le Directeur-Général des ponts et chaussées, à M. le Préfet d'Ille-et-Villaine, autorisant mon usine actuelle sur cette rivière.

Paris, le 27 mars 1826.

J'ai vu et soigneusement examiné, en conseil des ponts et chaussées, la demande reproduite par le sieur Cahour, tendant à obtenir l'autorisation de conserver son moulin, établi à Redon, rive gauche de la Villaine. Il résulte de cet examen, que les dispositions à assigner à l'usine devront faire l'objet d'un travail particulier, par MM. les Ingénieurs (et je désire que ce soit le plus tôt possible), qui devront faire le possible, pour coordonner cette usine avec le tracé du canal de Nantes à Brest, aux abords de Redon, tracé qui fait l'objet des instructions que j'ai adressées à M. l'Inspecteur divisionnaire, le 6 du mois dernier.

Mais attendu qu'on ne pourrait faire disparaître les constructions du sieur Cahour, ni en ajourner le rétablissement, sans réduire à l'indigence un homme intelligent et industrieux, qui réunit en sa faveur les témoignages les plus satisfaisants, et qui, d'ailleurs, se borne à demander qu'on le laisse jouir provisoirement des eaux qui passent durant quelques heures, chaque marée, pardessus et à travers le grand barrage des moulins de Redon, appartenant à l'Etat ; attendu qu'il n'a agi que d'après les avis favorables que lui avaient donnés MM. les Ingénieurs, M. le Préfet de Nantes, et vous-même, M. le Préfet, et dans lesquels il a mis une trop grande confiance.

Provisoirement, et par tolérance, vous pouvez, M. le Préfet, autoriser ce propriétaire à conserver ce qui existe de l'Usine dont il s'agit, et à employer pour la mettre en mouvement, les eaux qui passent par-dessus et à travers le grand barrage des moulins de Redon, sans rien changer à l'état actuel des lieux, et sans pouvoir réclamer aucune indemnité à raison des mesures qui pourraient être prises dans l'intérêt de la navigation, du commerce, ou de l'industrie.

Le Conseiller d'Etat, Directeur général des ponts et chaussées et des mines,
Signé : BECQUAY.

X.

Lettre de M. le Procureur du roi de Redon, en réponse aux renseignements que je l'avais prié de me procurer.

Redon, le 28 janvier 1837.

Je suis enfin parvenu à obtenir quelques-uns des renseignements que vous désirez. Les poursuites dirigées contre vous, pour une lettre anonyme adressée à M. Bouessel, inspecteur des ponts et chaussées, eurent lieu en 1830, et non en 1828 ou 29, comme vous le pensiez. *Elles se terminèrent par une ordonnance de non-lieu, de la chambre du Conseil du tribunal de Savenay,* du 15 juin de la même année 1830. Je crois savoir que les dépositions des témoins vous furent *très-favorables.* Si vous désiriez les connaître d'une manière positive et en avoir copie, il faudrait vous adresser à M. le Procureur général, pour obtenir une autorisation à cet effet. Quelle que fût la bonne volonté de mon collègue de Savenay, il ne pourrait sans cela déférer à la demande que vous lui adresseriez à ce sujet (Art. 56 du décret du 18 juin 1811).

Je désire que ma lettre puisse vous être utile dans les circonstances où vous vous trouvez, et auxquelles le public de Redon prend un vif intérêt.

Le Procureur du roi,

Signé : DELOURMEL DE LA PICARDIÈRE.

Nota. La célérité qu'exigeait l'impression du présent mémoire ne m'a pas permis de faire les démarches indiquées, dans la lettre précédente , pour avoir les pièces du procès. Cette lettre, d'ailleurs, en dit assez. J'invite cependant mes juges à recourir à la source, s'ils le croient convenable.

XI.

Certificat des habitants de la ville de Redon.

Nous, soussignés, habitants de la ville de Redon, attestons

Que le sieur Cahour, qui vit au milieu de nous depuis plus de 20 ans, n'a jamais donné lieu à aucun soupçon déshonorant pour sa réputation; qu'au contraire, il s'est toujours conduit en citoyen honnête, paisible, et désireux de se rendre utile à son pays, auquel il a déjà fait du bien.

Redon, le 7 Février 1837.

Ont signé :

MM. J. M. NOGUES, *Maire;* SAMSON, 1.ᵉʳ *Adjoint;* ALLIOU, 2.ᵐᵉ *Adjoint;* JOURNÉE, *Président du tribunal;* DE LOURMEL DE LA PICARDIÈRE , *Procureur du Roi;* RIDOUEL, *Juge;* LECOMPTE, *Juge ;* E. CAMESCASSE, *Substitut;* GUIHAIRE, *Juge de paix;* GUILLEMAIN, *Lieutenant de gendarmerie;* DUBOURDIEU, *Avocat, et Membre du Conseil;* LEVÊQUE-DUROSTU, *Directeur des contributions indirectes;* DELAHAYE-JOUSSELIN ; SALMON, *Curé;* L. ROCHERY, *Négociant;* NICOT, *Négociant,* THEBAULT, *Avoué;* SIMON, *Négociant;* JAUSIONS, *Receveur des finances;* THÉLOHAN jeune, *Avoué;* ROBERT, *Notaire;* JAUSIONS, *Receveur particulier;* THÉLOHAN aîné, *Avocat;* GENTIL, *Avocat;* MATARD jeune, *Membre de la Légion-d'Honneur;* AVENARD, *Courtier maritime;* CHEVRIER, *Négociant, Membre du Conseil;* A. CHEVRIER, *Négociant ;* L. IZELIN, *Visiteur des Douanes;* F. IZELIN, *Chef de service des Contributions indirectes;* IZELIN père, *Officier retraité, Membre de la Légion-d'honneur ;* LE RENDU, *Receveur principal des Douanes ;* EVAIN, *Négociant, Membre du Conseil,* EVAIN, *Entrepreneur des Messageries;* Le Comte DE GIBON; HOMBRON, *Juge de paix ;*

Bréchat, *Commandant de la Garde Nationale*; Le Potter, *Commissaire de l'Inscription maritime*; Blanche, *Docteur Médecin*; Dauge, *Imprimeur*; Noel Delatouche, *Membre du Conseil*; Alexandre Evain; Papeil, *Docteur Médecin*; Piabd-Deshayes, *Négociant, Membre du Conseil*; Mènu père; Mènu fils, *Courtier maritime*; Matard aîné; Dumoustier, *Négociant, Membre du Conseil*; Lesaulnier, *Avoué*; Cornu, *Notaire, Membre du Conseil*; Héry, *Membre du Conseil*.

—

Je certifie que M. Cahour jouit à Redon de la réputation d'un parfait honnête homme.

Le Sous-Préfet de Redon,
FRESNEAU.